Problemas matemáticos
de hermanos

Sumas y restas de tres o más cifras

Título: PROBLEMAS MATEMÁTICOS DE HERMANOS. MÉTODO ABN. SUMAS Y RESTAS DE TRES O MÁS CIFRAS

Autores/as:
MANUEL JESÚS CRESPO GARCÍA, NATALIA MITURICH, ANTONIO WANCEULEN MORENO, JOSÉ FRANCISCO WANCEULEN MORENO

Editorial: WANCEULEN EDITORIAL
Sello Editorial: WANCEULEN EDUCACIÓN

ISBN (Papel): 978-84-10017-96-2
ISBN (Ebook): 978-84-10017-97-9

Impresión bajo demanda.

WANCEULEN S.L.
www.wanceuleneditorial.com y www.wanceulen.com
info@wanceuleneditorial.com

1 Manuel está en el nivel 133 de Fortnite y en la temporada anterior llegó al nivel 115. ¿Cuántos niveles ha alcanzado en las dos temporadas?

Datos:

Solución:

2 Julia tiene un video con 244 visitas en su canal de YouTube y su amiga Paula tiene 235 visitas en otro video en su canal. ¿Cuántas visitas han recibido entre las dos?

Datos:

Solución:

3 Julia tenía 143 seguidores en TikTok y ahora tiene 179 seguidores. ¿Cuánto nuevos seguidores ha conseguido?

Datos:

Solución:

4 Manuel ha gastado 7,99€ en Fortnite y ha comprado 1000 pavos, si tenía 850 pavos en su cuenta. ¿Cuántos pavos tendrá ahora?

Datos:

Solución:

EDITORIAL WANCEULEN

5 Julia llevaba cuatro días sin encender su teléfono. Lo ha encendido y ha visto que tiene 379 mensajes sin leer. ¿Cuántos mensajes le quedan por leer si ha conseguido leer ya 246 mensajes?

Datos:

Solución:

6 Manuel se ha leído 133 páginas de su libro de "Los Compas" y el libro tiene 186 páginas. ¿Cuántas páginas le faltan para acabar de leerse el libro?

Datos:

Solución:

Entre todas las jugadoras del equipo de balonmano de Julia han marcado 138 goles en esta temporada y en la temporada pasada 121. ¿Cuántos goles han marcado en estas dos temporadas?

Datos:

Solución:

8 Manuel ha conseguido pegar en su álbum de cromos de LaLiga 235cromos y el álbum lleno tiene 455 cromos. ¿Cuántos cromos le faltan a Manuel para rellenar su álbum?

Datos:

Solución:

Manuel ha visto que en su cuenta de Fortnite tiene 1500 pavos más que antes porque su padre le ha ingresado pavos en la cuenta. ¿Cuántos pavos tiene ahora si antes tenia 400?

Datos:

Solución:

10 Julia ha metido este año 225 contactos y el año pasado tenía 164 contactos. ¿Cuántos contactos tiene ahora en su agenda?

Datos:

Solución:

Manuel y Julia han ido a comprar chucherías. Manuel se ha gastado 255 céntimos y Julia 220 céntimos. ¿Cuánto se han gastado los dos en chucherías?

Datos:

Solución:

12 Julia está preparando un postre con su tía Manoli y ha añadido a la receta 245 gramos de harina y necesita añadir 375 gramos en total. ¿Cuántos gramos le faltan para completar la receta?

Datos:

Solución:

Julia quiere comprar un pintauñas que cuesta 230 céntimos y una mascarilla facial que cuesta 210 céntimos. ¿Cuánto quiere gastar Julia?

Datos:

Solución:

Julia tenía en su cuenta de Shein 553 puntos y ha conseguido en esta semana 334 puntos más. ¿Cuántos puntos tiene ahora en su cuenta de Shein?

Datos:

Solución:

Julia quiere ver una película que dura 120 minutos y Manuel quiere ver otra que dura 147 minutos. ¿Cuánto tiempo tendrán que ver la tele si ven las dos películas?

Datos:

Solución:

Julia ha subido un video a TikTok y se ha hecho viral. El día que lo subió tenía 1.833 visitas y al día siguiente tenía 17.967 visitas en total. ¿Cuántas visitas recibió al día siguiente?

Datos:

Solución:

17 Julia ha jugado esta temporada 425 minutos en su equipo de balonmano y la temporada pasada jugó 374 minutos. ¿Cuántos minutos ha jugado en las dos temporada?

Datos:

Solución:

EDITORIAL WANCEULEN

Manuel quiere comprar un pack de Fortnite que vale 2000 pavos, una Skin que vale 1800 pavos y un baile que vale 150 pavos. ¿Cuántos pavos se quiere gastar?

Datos:

Solución:

19 Julia quiere comprarse en Shein tres camisetas y va a utilizar 335 puntos en una, 311 en otra y 343 en otra. ¿Cuántos puntos va a gastar para comprar las tres camisetas?

Datos:

Solución:

En la clase de Manuel han juntado, entre todos los alumnos, 250 tapones de plástico para una obra benéfica y tienen que juntar 550. ¿Cuántos tapones les faltan?

<u>Datos:</u>

<u>Solución:</u>

21 Julia quiere ir a Nueva York con su padre y el vuelo de los dos vale 2460€ y el alojamiento de los dos 1325€. ¿Cuánto les costará el viaje de los dos juntos?

Datos:

Solución:

22 Manuel ha ido a comprar chucherías, llevaba 276 céntimos y le han sobrado 142 céntimos. ¿Cuánto dinero se ha gastado Manuel en chucherías en el quiosco de Sarita?

Datos:

Solución:

EDITORIAL WANCEULEN

23 Manuel va a comprar el pase de batalla de la nueva temporada que vale 900 pavos y un baile que vale 100 pavos. ¿Cuántos pavos se va a gastar si hace la compra?

Datos:

Solución:

24 Manuel quiere ver una película en Netflix que dura 125 minutos y un capítulo de Cobra Kai que dura 32 minutos. ¿Cuántos minutos va a estar viendo Netflix?

Datos:

Solución:

25 Manuel quiere ver una película en Netflix que dura 135 minutos y le quedan 175 minutos para irse a entrenar a balonmano. ¿Cuántos minutos le quedan para hacer los deberes?

Datos:

Solución: